FORSCHUNGSBERICHTE DES LANDES NORDRHEIN-WESTFALEN

Nr. 2807/Fachgruppe Physik/Chemie/Biologie

Herausgegeben vom Minister für Wissenschaft und Forschung

Dr. Jobst Hackmann
Dr. Yong Che Kim
Dipl.-Phys. Helmut Reuters
Prof. Dr. Jürgen Uhlenbusch
Physikalisches Institut II der Universität Düsseldorf

Magnetohydrodynamische Berechnungen rotationssymmetrischer Hochtemperaturplasmen unter besonderer Berücksichtigung von Plasma-Wand-Effekten

Westdeutscher Verlag 1979

CIP-Kurztitelaufnahme der Deutschen Bibliothek

Magnetohydrodynamische Berechnungen rotations-
symmetrischer Hochtemperaturplasmen unter
besonderer Berücksichtigung von Plasma-Wand-
Effekten / Jobst Hackmann ... - Opladen :
Westdeutscher Verlag, 1979.
    (Forschungsberichte des Landes Nordrhein-
    Westfalen ; Nr. 2807 : Fachgruppe Physik,
    Chemie, Biologie)
    ISBN-13: 978-3-531-02807-1   e-ISBN-13: 978-3-322-88119-9
    DOI: 10.1007/978-3-322-88119-9
NE: Hackmann, Jobst [Mitarb.]

Inhalt

1. Einleitung und Zielsetzung 1

2. Methoden zur Beschreibung des Einflusses einer Wand auf ein
   angrenzendes Plasma 3

2.1. Überblick 3

2.2. Kinetische Modellgleichung 5

2.2.1. Die stationäre Lösung 6

2.2.2. Das zeitabhängige Problem 8

2.3. Beschreibung der Plasma-Wandschicht mit Hilfe der Momenten-
     gleichungen 10

3. Ergebnisse 14

3.1. Lösung der kinetischen Modellgleichung 14

3.1.1. Der stationäre Fall 14

3.1.2. Zeitabhängige Lösungen der Boltzmanngleichung - gepulster
       Gaseinlaß 15

3.2. Lösungen der Momentengleichung 16

4. Literatur 20

Tabelle 22

Abbildungen 23

1. Einleitung und Zielsetzung

Die drei grundlegenden Probleme der Plasmaphysik auf dem
Weg zur kontrollierten Kernfusion sind

1. die Erzeugung eines ausreichend stabilen Plasmas,

2. die Aufheizung des Plasmas auf die erforderlichen Zünd-
   temperaturen

3. die Vermeidung unerwünschter Wechselwirkung des heißen
   Plasmas mit der festen Wand des Reaktorgefäßes.

Die Einschlußzeit der Plasmen konnte in den letzten Jahren
nach Einführung der Tokamak-Konfiguration erhöht werden.
Die Temperaturen der Jonen konnten durch Anwendung von Neu-
tralteilcheninjektion bis auf 60 Million Grad gesteigert
werden und haben damit fast die kritische Zündtemperatur von
100 Million Grad erreicht. Als zentrales anwendungsorien-
tiertes Problem bleibt schließlich die Plasma-Wand-Wechselwirkung. Es stellt einen wichtiges Teil des experimentellen
Programms der zur Zeit im Bau oder in der Planung befindli-
chen magnetischen Einschlußexperimente wie z.B. PLT, PDX,
ASDEX,TEXTOR, JET dar / 1-4/. In diesen Experimenten werden
neben der Entwicklung von Verfahren zur Reinigung der Wände
auch Limiter, Divertoren und spezielle Wandmaterialien stu-
diert.

Die wichtigsten Plasma-Wand-Effekte werden durch die Wechselwirkung der Wand, Limiter und Divertorplatten mit hochenergetischen aus dem Plasma stammenden Ionen, Neutralteilchen,
Elektronen sowie Photonen hervorgerufen. Das Auftreffen von
neutralem und ionisiertem Wasserstoff mit Energien zwischen
einigen eV und 10^5 eV auf die Wand sowie Bogenentladungen
zwischen Plasma und Wand führen zu Verunreinigungen des
Plasma. Die damit verbundene Erhöhung der effektiven Kern-
ladungszahl führt zu erhöhten Energie- und Teilchenverlusten
des Plasmas und schränkt die zugehörigen Einschlußzeiten
beträchtlich ein.

Die Rolle des neutralen Wasserstoffs ist in diesem Zusammen-

hang besonders problematisch, da er unbeeinflußt vom ein-
schließenden Magnetfeld die lokalen Teilchen- und Energieflüsse zur Wand über Umladungs- und Strahlungsprozesse in
der Randschicht des Plasmas bestimmt. Eine relativ hohe Dichte
neutralen Wasserstoffs ist jedoch unvermeidlich, da in der
Zündphase zum Aufbau der Entladung Neutralteilchen von außen
zugeführt werden müssen. Weiterhin werden zur Erreichung der
Zündtemperatur hochenergetische Neutralteilchen in das Plasma
injiziert. Die Desorption des von der Wand adsorbierten mole-
kularen und atomaren Wasserstoffs führt darüberhinaus zu
einer Erhöhung der Wasserstoffkonzentration in der Randschicht.

Eine weitere Fragestellung wird durch die Einlagerung in
den Wänden und Reemission von Wasserstoff und Helium aufgeworfen.

Durch Lösung der kinetischen Gleichung (Boltzmanngleichung)
läßt sich das Verhalten der Neutralkomponente in der Randschicht
in Abhängigkeit von den Parametern des Hintergrundplasmas in
recht guter Näherung beschreiben /5-7/. Dabei lassen sich auch
Plasma-Wand-Effekte mit erfassen und die Teilchen- und Energieflüsse auf die Wand, sowie die Zerstäubungsausbeuten an der Wand
stationär und zeitabhängig berechnen /8-11/. Diese Rechnungen liefern bei vorgegebenem Temperatur- und Dichteprofil der Ladungsträger die Energie- und Dichteverteilung der Neutralteilchen.

Die Kenntnis der Energieverteilung der Neutralteilchen ist
für die Diagnostik von Hochtemperaturentladungen von großer Bedeutung. Während der hochenergetische Teil dieser Verteilungen
Informationen über die Ionentemperatur liefert, wird der niederenergetische Bereich durch die an der Wand und in der Randschicht
ablaufenden Prozesse bestimmt. Die Auswertung experimentell ermittelter Energieverteilungen erfordert eine genaue Analyse der
WEchselwirkungsprozesse im Plasma und an der Wand.

Zum gegenwärtigen Zeitpunkt liegen Ansätze für solche Unter-
suchungen lediglich für den hochenergetischen Bereich der Energieverteilung vor. In diesem Bericht soll gezeigt werden, wie
auch der niederenergetische Teil analysiert werden kann.

Damit ergibt sich für die Zielsetzungen der Untersuchung
folgender Katalog:

1. Quantitative Aussagen über die Relevanz einzelner
   Plasma-Wand-Effekte im Hinblick auf die zur Zeit betriebenen und geplanten fusionsorientierten Einschlußexperimente.

2. Bereitstellung der theoretischen Grundlagen für diagnosti-
   sche Verfahren, die in der Wandzone von Hochtemperaturentladungen verwendet werden können. Hier ist insbesondere
   an die Analyse experimentell ermittelter Teilchenenergie-
   verteilungen gedacht.

3. Deutung bereits vorliegender experimenteller Ergebnisse
   von Experimenten im niederenergetischen Bereich, die im
   Physikalischen Institut II der Universität Düsseldorf an
   einer linearen stationären Entladung und einer gepulsten Entladung
   eines Tokamak "Unitor" durchgeführt werden.

2. Methoden zur Beschreibung des Einflussses einer Wand auf ein
   angrenzendes Plasma

2.1. Überblick

Die Wechselwirkung eines Plasmas mit einem an das Plasma
angrenzenden Festkörper ist nicht nur für die Fusionsfor-
schung von Bedeutung. Ähnlich gelagerte Probleme treten
auf in der Sondenphysik, bei Elektrodenphänomenen in Gas-
entladungen und bei zahlreichen angewandten Aufgabenstellun-
gen wie beim Elektroschweißen und beim Schalten hoher
Ströme. Die in diesen klassischen Bereichen der Plasmaphysik entwickelten Methoden können teilweise auf die
hier interessierenden neuen Fragestellungen übertragen werden.

Hierbei ist jedoch zu beachten, daß die an einer
Wand ablaufenden Prozesse im allgemeinen stark vom Mate-
rial und von der Energie der wechselwirkenden Teilchen
abhängen. Über einige der relevanten Vorgänge an Fest-
körperoberflächen und die zugehörigen Energiebereiche
gibt Abb. 1 Auskunft. Im gesamten Energiebereich spielen
Strahlungsprozesse eine große Rolle.

Art und Energie der auftrreffenden Teilchen werden
in starkem Maße durch das Plasma bestimmt. Eine Beschrei-

bung der Plasma-Wand-Wechselwirkung muß daher neben den Wandprozessen auch die Vorgänge im Plasma erfassen.

Im Falle des hier vornehmlich untersuchten Tokamakplasmas sind wie bereits erwähnt die Neutralteilchen von besonderer Bedeutung. Sie gewinnen ihre Energie durch den Prozeß der Umladung, durch Dissoziation (Franck-Condon-Effekt), oder werden bereits hochenergetisch zur Aufheizung eingeschossen. Abb. 2 stellt schematisch den Neutralteilchenkreislauf (Recycling) in einem Tokamak dar. Dabei läßt sich folgendes Bild gewinnen:

1. Kalter neutraler Wasserstoff wird molekular von außen zugeführt bzw. von der Wandoberfläche freigesetzt oder atomar reflektiert.

2. Die Moleküle dissoziieren über den bereits erwähnten Franck-Condon-Prozess. Dabei entstehen energiereiche Atome (2 - 5 ev), die in der Lage sind, in heißere Bereiche des Plasmas vorzudringen, ehe sie ionisiert und umgeladen werden. Eine Abschätzung ergibt für ein Tokamakplasma ($n_e \approx 10^{13}$ cm^{-3}, $T_{achse} \approx 1$ keV) für die H_2-Moleküle eine Eindringtiefe von wenigen Millimetern für Dissoziation und Ionisation. Eine entsprechende Eindringtiefe besitzt der kalte atomare Wasserstoff. Demgegenüber besitzen die durch Franck-Condon-Prozesse entstandenen Atome mit einer Energie von ca 5 eV eine wesentlich größere Eindringtiefe von einigen cm.

3. Die durch Ladungsaustausch im Bereich hoher Ionentemperatur entstandenen energiereichen Atome wandern weiter zum Plasmakern oder sie kehren zur Wand zurück, wo sie die beschriebenen Wandprozesse ausführen können. Dabei werden erneut Wasserstoff, aber auch Verunreinigungen freigesetzt.

Der hier beschriebene Kreislauf für die Neutralteilchen im Plasma läßt sich mit Hilfe der Boltzmanngleichung erfassen. Wie Abb. 3 zeigt, hat man im Stoßterm der Boltzmanngleichung im wesentlichen nur Umladung und Jonisation durch Elektronenstoß zu berücksichtigen. Die Wandprozesse müssen durch eine Verknüpfung der Energieverteilungen der auf die Wand auftreffenden und der von der nach dem Wandwechselwirkungsprozess von der Wand ins Plasma zurückkehrenden Teilchen erfaßt werden. Hierzu kann die später angegebene Maxwellrelation verwendet werden.

Eine andere Möglichkeit zur Beschreibung der Plasma-Wand-Schicht ist die Verwendung makroskopischer Bilanzen von Teilchen, Impuls, Energie, Energiestrom etc., wobei auch die Rückwirkung der Neutralteilchen auf das Hintergrundplasma erfaßt werden kann. Um geeignete Bedingungen an der Wand formulieren zu können ist es erforderlich, daß zwischen Teilchen, die auf die Wand zufliegen und Teilchen, die die Wand verlassen, unterschieden werden muß. Deshalb muß man für beide Teilchensorten getrennte Ansätze machen, was zu modifizierten Transportgleichungen mit diskontinuierlichen Verteilungsfunktionen führt.

2.2 <u>Kinetische Modellgleichung</u>

Ausgangspunkt für die Beschreibung der Neutralteilchen in der Schicht zwischen Plasma und Wand ist eine eindimensionale Boltzmanngleichung, d. h. die Wand wird als ∞ ausgedehnt und eben betrachtet. Die räumliche Verteilung der Temperaturen und Dichten von Jonen und Elektronen im Plasma ist zeitlich konstant und wird als bekannt vorausgesetzt.

Im Plasma werden wie bereits diskutiert nur Elektronenstoß-ionisation und Ladungsaustausch zwischen Neutralteilchen und Proton berücksichtigt. Die Boltzmanngleichung für die Neutral-teilchen hat mit diesen Annahmen die Form:

$$\frac{\partial f_0}{\partial t} + v_{0x}\frac{\partial f_0}{\partial x} = -\int |\underline{v_0}-\underline{v_e}|\,\sigma_{eo}\cdot f_0(\underline{v_0})\cdot f_e(\underline{v_e})\,d^3\underline{v_e} \qquad (1)$$

$$+ \int |\underline{v_0}-\underline{v_i}|\,\sigma_{ex}\{f_0(\underline{v_i})\cdot f_i(\underline{v_0}) - f_0(\underline{v_0})\cdot f_i(\underline{v_i})\}\,d^3\underline{v_i}$$

Dabei ist $f_{0,i,e}(x,\underline{v_{0,i,e}},t)$ die Verteilungsfunktion der neutralen Atome bzw. Jonen und Elektronen. σ_{eo}, σ_{ex} sind die jeweiligen Wirkungsquerschnitte für Jonisation bzw. Umladung. Um zu großen Rechenaufwand zu vermeiden werden folgende Vereinfachungen gemacht:

$$|\underline{v_0}-\underline{v_e}|\,\sigma_{eo}(|\underline{v_e}-\underline{v_0}|) \approx |\underline{v_e}|\,\sigma_{eo}(|\underline{v_e}|)$$

$$|\underline{v_0}-\underline{v_i}|\,\sigma_{ex}(|\underline{v_0}-\underline{v_i}|) = C_{ex} = const.$$

In Anlehnung an Maxwells Rechnungen für kalte Gase läßt sich die Wandwechselwirkung quantitativ beschreiben, indem man die

Beiträge aller Wandprozesse, bei denen Neutralteilchen, die sich in das Plasma hineinbewegen, entstehen, aufsummiert:

$$f_0^+(\underline{v_0}) = f_0^0(\underline{v_0}) + \sum_j \int\limits_{v_x^j=0}^{v_x^j=\infty} \int\limits_{v_y^j=-\infty}^{v_y^j=\infty} \int\limits_{v_z^j=-\infty}^{v_z^j=\infty} K_{0j}(\underline{v}^j, \underline{v_0})\, f_j^-(\underline{v}^j)\, d^3\underline{v}^j \qquad (2)$$

$f_0^+(\underline{v_0})$ ist die Verteilungsfunktion der von der Wand kommenden Neutralteilchen, $f_0^0(\underline{v_0})$ beschreibt eine Einströmung von Neutralteilchen von außen, z. B. des durch Franck-Condon Dissoziation am Rande entstandenen atomaren Wasserstoffs. Die Funktionen K_{0j} erfassen schließlich die Wandprozesse. Diese "interaction transfer functions" sind energie- und winkelabhängig und müssen etwa aus Strahlexperimenten gesondert bestimmt werden. f_j^- ist die Geschwindigkeitsverteilung von Teilchen der Sorte j, die aus dem Plasma kommend auf die Wand auftreffen.

Die Boltzmanngleichung (1) läßt sich mit der Randbedingung (2) sowohl für den stationären als auch für den zeitabhängigen Fall lösen, wenn der räumliche Verlauf des Hintergrundplasmas bekannt ist. Die Rechnungen liefern dann die Energieverteilung der Neutralteilchen, die Neutralteilchendichten sowie Teilchen- und Energieflüsse auf die Wand, wie im folgenden gezeigt wird.

2.2.1 Die stationäre Lösung

Bei der Lösung der Gleichung (1) wurden zwei spezielle Wandprozesse, nämlich die Grenzfälle der diffusen Reflektion und der Spiegelreflektion neutraler Atome an der Wand besonders untersucht. Für die beiden Spezialfälle geht Gleichung (2) in ebener Geometrie nach Integration über die Geschwindigkeitskomponente v_y und v_z über in

$$F_0^+(0, v_x) = F_0^0(v_x) + \frac{2 \cdot R_D}{v_w^2} \cdot \exp\left\{-\left(\frac{v_x}{v_w}\right)^2\right\} \int\limits_0^\infty v_x' \cdot F_0^-(0, v_x')\, dv_x'$$

$v_w = (2 k T_w / m_0)^{1/2}$ R_D = Reflektionskoeffizient für diffuse Reflektion bzw.

$$F_0^+(0, v_x) = F_0^0(v_x) + R_S \cdot F_0^-(0, v_x)$$

mit R_s = Reflektionskoeffizient für Spiegelreflektion.

und
$$F_o^{\pm}(0, v_x) = \int_{-\infty}^{\infty}\int_{-\infty}^{\infty} f^{\pm}(0, \underline{v}) \, dv_y \cdot dv_z$$

Nimmt man an, daß Jonen und Elektronen im Plasma eine Maxwell'sche Energieverteilung besitzen, so läßt sich Gleichung (1) umformen in eine Integralgleichung für die Neutralteilchendichte $No(x)$. Diese Gleichung läßt sich iterativ lösen.

Man erhält für den Fall <u>diffuser Reflektion</u>

$$N_o(x) = \frac{Nw}{\sqrt{\pi}} J_o\left(\frac{B(x)}{Vw}\right) + \frac{N_L}{\sqrt{\pi}} J_o\left(\frac{B(L) - B(x)}{V_L}\right)$$

$$+ \frac{2 \cdot R_D \cdot V_L \cdot N_L}{\sqrt{\pi} \cdot Vw} J_1\left(\frac{B(L)}{V_L}\right) \cdot J_o\left(\frac{B(x)}{Vw}\right)$$

$$+ \frac{2 \cdot R_D \, C_{ex}}{\sqrt{\pi} \; Vw} J_o\left(\frac{B(x)}{Vw}\right) \cdot \int_0^L dx' \cdot n(x') \, J_o\left(\frac{B(x')}{V_i(x')}\right) N_o(x') \qquad (3)$$

$$+ \frac{C_{ex}}{\sqrt{\pi}} \left\{ \int_0^x dx' \; \frac{n(x')}{V_i(x')} \, J_{-1}\left(\frac{B(x) - B(x')}{V_i(x')}\right) \cdot N_o(x') \right.$$

$$+ \left. \int_x^L dx' \frac{n(x')}{V_i(x')} \, J_{-1}\left(\frac{B(x') - B(x)}{V_i(x')}\right) N_o(x') \right\}$$

mit den Abkürzungen

$$J_n(x) = \int_0^{\infty} u^n \cdot \exp\left\{- u^2 - \frac{x}{u}\right\} du$$

$$B(x) = \int_0^x \left\{ \int_{-\infty}^{\infty} |V_{el} \cdot \sigma_{eo}| f_e \, d^3 v_e + C_{ex} \int_{-\infty}^{\infty} f_i \, d^3 v_i \right\} dx$$

und

$$V_i(x) = \left(2 k \cdot T_i(x) / m_o\right)^{1/2}$$

$$Vw = V_i(0) \qquad V_L = V_i(L)$$

$$Nw = N_o(0) \qquad N_L = N_o(L)$$

Nimmt man an, daß die Neutralteilchen an der Wand
spiegelnd reflektiert werden, so erhält Gleichung (1)
die Form:

$$N_0(x) = \frac{N_w}{\sqrt{\pi}} \, J_0\left(\frac{B(x)}{V_w}\right) + \frac{N_0}{\sqrt{\pi}} \, J_0\left(\frac{B(L) - B(x)}{V_L}\right)$$

$$+ R_s \cdot \frac{C_{ex}}{\sqrt{\pi}} \int_0^L dx' \, \frac{n(x')}{V_i(x')} \, J_{-1}\left(\frac{B(x) + B(x')}{V_i(x')} \cdot N_0(x')\right)$$

$$+ \frac{C_{ex}}{\sqrt{\pi}} \left\{ \int_0^x dx' \cdot \frac{n(x')}{V_i(x')} \, J_{-1}\left(\frac{B(x) - B(x')}{V_i(x')}\right) N_0(x')\right.$$

$$+ \left. \int_x^L dx' \, \frac{n(x')}{V_i(x')} \, J_{-1}\left(\frac{B(x) - B(x')}{V_i(x')}\right) N_0(x')\right\} \tag{4}$$

2.2.2 Das zeitabhängige Problem

Für manche Anwendungen, etwa für die Zündphase einer
Tokamakentladung, ist das zeitliche Verhalten der Neutralgaskomponente von Interesse. Zur Behandlung dieses Problem-
kreises gehen wir wieder von Gleichung (1) aus, wobei die
angegebenen Vereinfachungen für den zeitabhängigen Fall
beibehalten werden. Nach Umformung erhält man aus (1) die
Integralgleichung

$$N_0(x,t) = e^{-t}\left\{ \int_{u=0}^{\infty} \int_0^t e^{\tau} \cdot q_I(u,\tau) \, \delta(x - u(t-\tau)) \, d\tau \, du\right.$$

$$+ \int_{u=0}^{\infty} \int_0^t e^{\tau} \cdot q_R(u,\tau) \, \delta(x - u(t-\tau)) \, d\tau \, du\Big\}$$

$$+ e^{-t} \cdot \frac{\beta}{\sqrt{\pi}} \left\{ \int_{u=0}^{\infty} \int_0^t e^{\tau} \cdot e^{-u^2} \cdot N_0(x - u(t-\tau), \tau) \, d\tau \, du\right.$$

$$+ \left. \int_{u=-\infty}^{0} \int_0^t e^{\tau} \cdot e^{-u^2} \cdot N_0(x - u(t-\tau), \tau) \, d\tau \, du\right\} \tag{5}$$

Hierbei sind q_I und q_R die Quellterme für injizierte bzw.
reflektierte Neutralteilchen, $\beta = \dfrac{C_{ex}}{\langle \sigma_{eo} v_e\rangle + C_{ex}}$ und $u = v/v_i$.
t ist hier die mit $\beta/n \cdot C_{ex}$ normierte Zeit. Haben die inji-
zierten Neutralteilchen eine Maxwellverteilung, so gilt

$$q_I(u) = \frac{N_0 \cdot u}{\sqrt{\pi} \, u_0} \, e^{-\left(\frac{u}{u_0}\right)^2} \qquad\qquad u_0 = \left(\frac{v_w}{v_i}\right)$$

Für die reflektierten Teilchen erhält man

$$q_R(u,t) = u \int_{-\infty}^{0} K_R(u,u') \, \bar{f_0}(0,u',t) \, du'$$

Für den Fall der diffusen Reflektion ergibt sich dann speziell

$$q_R(u,t) = \frac{2 \cdot e^{-\left(\frac{u}{u_0}\right)^2}}{u_0^2} \, u \left| \int_{-\infty}^{0} u' \, \bar{f_0}(0,u',t) \, du' \right|$$

Als Anfangsbedingung wird angenommen, daß zu Beginn keine
Neutralteilchen im Plasma vorhanden sind. Die Teilchen
lassen sich nun nach der Zahl i von Ionisations- und
Umladungsprozessen, die sie ausgeführt haben, ordnen und
man erhält

$$N_0(x,t) = \sum_{i=0}^{\infty} N_0^{(i)}(x,t)$$

mit der Rekursionsformel

$$\begin{aligned}
N_0^{(i)}(x,t) = & \int_{x/t}^{\infty} e^{-x/u} \cdot \hat{q}_{R_i}(u, t-x/u) \cdot \frac{du}{u} \\
& + \frac{\beta}{\sqrt{\pi}} \int_0^t \int_0^{x/t} e^{-\tau} \cdot e^{-u^2} \cdot N_0^{(i-1)}(x+u\cdot\tau, t-\tau) \, d\tau \, du \\
& + \frac{\beta}{\sqrt{\pi}} \int_0^t \int_0^{\frac{L-x}{\tau}} e^{-\tau} \cdot e^{-u^2} \cdot N_0^{(i-1)}(x+u\cdot\tau, t-\tau) \, d\tau \, du
\end{aligned} \qquad (6)$$

Dabei ist

$$\hat{q}_{R_i} = \frac{2u \cdot e^{-\left(\frac{u}{u_0}\right)^2}}{u_0^2} \, A_0^{(i)}(0,t)$$

$$A_0^{(i)}(0,t) = \frac{\beta}{\sqrt{\pi}} \int_0^t \int_0^{t/t} e^{-\tau} \cdot v \cdot e^{-v^2} \cdot N_0^{(i-1)}(v\cdot\tau, t-\tau) \, dv \cdot d\tau$$

ist der auf die Wand auftreffende Neutralteilchenfluß
und

$$N_0^{(0)}(x,t) = \int_{x/t}^{\infty} e^{-\frac{x}{u}} \cdot q_{\bar{I}}(u) \cdot \frac{du}{u}$$

ist der Anfangswert der Rekursionsformel. Das Verfahren zeigt
gute Konvergenz schon nach 5 Iterationen, gerechnet wurden IO.

2.3. Beschreibung der Plasma-Wandschicht

mit Hilfe der Momentengleichungen

Mit Hilfe der im vorangehenden Abschnitt behandelten
kinetischen Modellgleichung (1) läßt sich die Energieverteilung der Neutralgaskomponente erfassen. Die Neutralteilchen werden dabei als Testteilchen in einem Hintergrundplasma betrachtet. Die Rückwirkung der Neutralteilchen auf das
Hintergrundplasma bleibt dabei jedoch unberücksichtigt.

Will man dagegen das Gesamtplasma und die Wechselwirkung
der in ihm enthaltenen Plasmakomponenten miteinander beschreiben, dann sind die zugehörigen gekoppelten Boltzmanngleichun-
gen nur schwer simultan zu lösen. Man geht dann besser von
den Maxwell'schen Transportgleichungen aus. Diese lassen sich
für alle Plasmakomponenten i in der Form

$$\frac{\partial \overline{\psi_i}}{\partial t} + \underline{\nabla}\left(\overline{\psi_i\,\underline{v_i}}\right) - \overline{\frac{\partial \psi_i}{\partial t}} + \overline{\underline{v_i}\,\underline{\nabla}\psi_i} + \frac{e_i}{m_i}\left\{\underline{E}\,\overline{\nabla_{v_i}\psi_i} + \overline{\left(\underline{v_i}\times\frac{\underline{B}}{c_0}\right)\nabla_{v_i}\psi_i}\right\} = S_i(\overline{\psi_i}) \qquad (7)$$

anschreiben. Die Gleichung liefert die zeitlichen und räumlichen Änderungen **der** makroskopischen Mittelwerte

$$\overline{\psi_i}(\underline{r},t) = \int\limits_{-\infty}^{\infty}\int\limits_{-\infty}^{\infty}\int\limits_{-\infty}^{\infty} \psi_i(\underline{r},\underline{v},t)\,f_i(\underline{v},\underline{r},t)\,d^3\underline{v} \qquad (8)$$

Bei der Berechnung der Mittelwerte muß für die Verteilungsfunktion ein geeigneter Ansatz gemacht werden, der den physikalischen Bedingungen gerecht wird. So werden etwa bei Plasmen mit geringen Abweichungen vom thermodynamischen Gleichge-
wicht Verteilungen verwendet, die um eine Maxwellverteilung
entwickelt sind (z. B. 13 - Momenten Methode). Im Wandbereich
ist jedoch die Verteilungsfunktion durch die Wandprozesse so
stark anisotrop, daß diese Verfahren hier versagen. In solchen
Fällen läßt sich jedoch, wie aus der Gasdynamik bekannt ist,
ein sogenannter Bimodalansatz für die Verteilungsfunktion
machen in der Form:

$$f_i(\underline{v},\underline{r}) = \begin{cases} f_i^+(\underline{v},\underline{r},P_1^+,P_2^+\cdots P_n^+) & 0 \le \underline{n}\cdot\underline{v} \le \infty \\ f_i^-(\underline{v},\underline{r},P_1^-,P_2^-\cdots P_n^-) & -\infty \le \underline{n}\cdot\underline{v} \le 0 \end{cases} \qquad (9)$$

Die $\rho_k^\pm$ sind dabei freie Parameter. Der Index + bezeichnet
dabei wie im vorangehenden Kapitel Teilchen, die eine von
der Wand fort gerichtete Geschwindigkeitskomponente besitzen.
Das -Zeichen gilt entsprechend für Teilchen, die aus dem Plasma kommend sich auf die Wand zu bewegen.

Der Zusammenhang zwischen $f_i{}^+$ und $f_i{}^-$ ist an der Wand wieder
durch die Maxwellrelation (Gleichung 2) gegeben, die jetzt
für alle Teilchensorten angegeben werden muß.

Die Momente hängen jetzt von allen in der Verteilungsfunktion
auftretenden Parametern ab:

$$\overline{\Psi}_i{}^+ = \int\limits_{(\underline{n}\cdot\underline{v})\geq 0} \Psi_i(\underline{v})\, f_i^+ \, d^3\underline{v} \qquad ; \qquad \overline{\Psi}_i{}^- = \int\limits_{(\underline{n}\cdot\underline{v})\leq 0} \Psi_i(\underline{v})\, f_i^- \, d^3\underline{v} \tag{10}$$

$$\overline{\Psi}_i = \overline{\Psi}_i{}^+ + \overline{\Psi}_i{}^-$$

an der Wand gilt dann entsprechend der Maxwellrelation

$$\overline{\Psi}_i^+ = \Psi_{i_0}^+ + \sum A_{ij}\, \overline{\Psi}_j^-$$

Für die vorliegenden Rechnungen wurde folgender Ansatz für die
Verteilungsfunktion gewählt.

$$f_i^\pm(\underline{v},r) = a_i^\pm \left(B_i^\pm \pi\right)^{-\frac{3}{2}} exp\left\{-\frac{v_r^2+(v_\varphi-v_{0\varphi i})^2+(v_z-v_{0zi})^2}{B_i^\pm}\right\}\left(1+\frac{2\,v_{0ri}}{B_i^\pm}v_r\right) \tag{11}$$

Die freien Parameter sind hier $a^+, a^-, B^+, B^-, v_{0r}, v_{0\varphi}, v_{0z}$
Die Verteilung weist bei $v_r = 0$ eine Unstetigkeit auf und ist
zusätzlich verschoben.

Für $a^+ = a^-$ und $B^+ = B^-$ geht sie in eine bis zur ersten Ordnung
um eine Maxwellverteilung entwickelte Geschwindigkeitsverteilung
über, wobei sich für die Teilchendichte ergibt $n = 1/2\, a^+ = 1/2\, a^-$

und $\quad T = \dfrac{m\,B^+}{2\,k} = \dfrac{m\,B^-}{2\,k} \quad$ für die Temperatur.

Mit dem in Gleichung (11) angegebenen Ansatz lassen sich unter
Verwendung des üblichen Formalismus der 13 - Momenten Methode
die Momente und die zugehörigen Bilanzgleichungen anschreiben.
In Zylinderkoordination erhält man :

1. Die Kontinuitätsgleichung

$$\frac{1}{r}\frac{\partial}{\partial r}\left(\Psi_r\, r\right) = \delta \tag{1}$$

2. Die Impulsbilanz

$$\frac{1}{r}\frac{\partial}{\partial r}\left(r\, P_{rr}\right) - \frac{P_{\varphi\varphi}}{r} = e\,n\,E_r + \frac{e}{c}\left(B_z\,j_\varphi - B_\varphi\,j_z\right) + \delta\,(m\,v_r)$$

$$\frac{1}{r}\frac{\partial}{\partial r}(r\,P_{r\varphi}) + \frac{P_{r z}}{r} = e\,n\,E_{\varphi} + \frac{e}{c}\,(B_r\,j_z - B_z\,j_r) + \delta\,(m\,v_{\varphi})$$

$$\frac{1}{r}\frac{\partial}{\partial r}(r\,P_{r z}) = e\,n\,E_z + \frac{e}{c}\,(B_{\varphi}\,j_r - B_r\,j_{\varphi}) + \delta\,(m\,v_z)$$

3. Die Energiebilanz

$$\frac{1}{r}\frac{\partial}{\partial r}(r\,q_r) = e\,(j_r\,E_r + j_{\varphi}\,E_{\varphi} + j_z\,E_z) + \delta\,(\tfrac{1}{2}\,m\,v^2)$$

4. Die Energiestrombilanz

$$\frac{1}{r}\frac{\partial}{\partial r}(r\,a_{rr}) - \frac{a_{\varphi\varphi}}{r} = \frac{e}{m}\,(E_r\,(P_{rr} + \tfrac{3}{2}P) + E_z\,P_{r z} + E_{\varphi}\,P_{r\varphi}) + \frac{e}{mc}\,(B_z\,q_{\varphi} - B_{\varphi}\,q_z) + \delta\,(\tfrac{m}{2}\,v^2 v_r)$$

Zusammen mit den elektrodynamischen Gleichungen

$$\frac{1}{r}\frac{\partial}{\partial r}(r\,E_r) = 4\pi e\,(n_I - n_E) \quad ; \quad \frac{1}{r}\frac{\partial}{\partial r}(r\,B_r) = 0$$

$$\frac{1}{r}\frac{\partial}{\partial r}(r\,B_{\varphi}) = \frac{4\pi}{c}\,e\,(j_{zI} - j_{zE}) \quad ; \quad \frac{1}{r}\frac{\partial}{\partial r}(r\,E_{\varphi}) = 0 \qquad (12)$$

$$\frac{\partial}{\partial r}B_z = -\frac{4\pi}{c}\,e\,(j_{\varphi I} - j_{\varphi E}) \quad ; \quad \frac{\partial}{\partial r}E_z = 0$$

erhält man ein geschlossenes Differentialgleichungssystem

Die hier auftretenden Momente lauten dabei mit $X_i = a^-\beta^{i/2} - a^+\beta^{i/2}\,(-1)^i$:

$$n = \tfrac{1}{2}X_0 + \frac{V_{0r}}{\sqrt{\pi}}\,X_{-1}$$

$$j_r = \frac{1}{2\sqrt{\pi}}X_1 + \frac{V_{0r}}{2}X_1 \quad ; \quad j_{\varphi} = n\,V_{0\varphi} \quad ; \quad j_z = n\,V_{0z}$$

$$P_{rr} = m\,(\tfrac{1}{4}X_2 + \frac{V_{0r}}{\sqrt{\pi}}X_1) \quad ; \quad P_{r\varphi} = m\,V_{0\varphi}\,j_r \quad ; \quad P_{r z} = m\,V_{0z}\,j_r$$

$$P_{\varphi\varphi} = m\,(\tfrac{1}{4}X_2 + \frac{V_{0r}}{2\sqrt{\pi}}X_1 + n\,V_{0\varphi}^2)$$

$$P_{z z} = m\,(\tfrac{1}{4}X_2 + \frac{V_{0r}}{2\sqrt{\pi}}X_1 + n\,V_{0z}^2)$$

$$q_r = m\,(\frac{1}{2\sqrt{\pi}}X_3 + \tfrac{5}{8}\,V_{0r}\,X_2 + \tfrac{1}{2}\,j_r\,(V_{0\varphi}^2 + V_{0z}^2)) \qquad (13)$$

$$q_{\varphi} = \tfrac{1}{2}\,V_{0\varphi}\,(P_{rr} + 3\,P_{\varphi\varphi} + P_{z z}) - m\,n\,V_{0\varphi}^3$$

$$q_z = \tfrac{1}{2}\,V_{0z}\,(P_{rr} + P_{\varphi\varphi} + 3\,P_{z z}) - m\,n\,V_{0z}^3$$

$$a_{rr} = m\left(\frac{5}{16}X_4 + \frac{3}{2}\frac{V_{or}}{\sqrt{\pi}}X_3\right) + \frac{1}{2}\left(V_{o\varphi}^2 + V_{oz}^2\right)P_{rr}$$

$$a_{\varphi\varphi} = \frac{1}{2}V_{o\varphi}^2\left(P_{rr}+P_{\varphi\varphi}+P_{zz}\right) + \frac{m}{2}\left(\frac{5}{8}X_4 + \frac{3}{2}\frac{V_{or}}{\sqrt{\pi}}X_3\right) + \frac{1}{8}\left(V_{oz}^2+5V_{o\varphi}^2\right)\left(X_2 + \frac{V_{or}}{2\sqrt{\pi}}X_1\right)m$$

Die Temperatur wird über $p = nKT$ definiert mit

$$p = \frac{1}{3}\left(P_{rr}+P_{\varphi\varphi}+P_{zz}\right)$$

Zur Berechnung der Stoßterme δ wurde die nach Hermite-Tensoren entwickelte Verteilungsfunktion verwendet. Dabei wurden die Entwicklungskoeffizienten so bestimmt, daß die ersten 5 Momente mit den entsprechenden Momenten unseres Ansatzes übereinstimmen. Die Stoßterme lassen sich damit durch die bekannten Ω-Integrale ausdrücken (siehe z. B. /12 /)

3. Ergebnisse

3.1. Lösung der kinetischen Modellgleichung

3.1.1. Der stationäre Fall

Das Verhalten der Neutralteilchen in der Plasma-Wand-Schicht
wird wesentlich durch drei Faktoren bestimmt:

1. durch das Dichte- und Temperaturprofil des Hintergrundplasmas

2. durch die Wandprozesse, d. h. hier, durch den Reflektions-
   mechanismus.

3. durch die Geschwindigkeitsverteilung der injizierten
   Teilchen, etwa in Wasserstoff hervorgerufen durch
   den Franck-Condon-Prozeß.

Die hier aufgezählten Prozesse spiegeln sich besonders in
der raum-zeitlichen Energieverteilung der Neutralteilchen
am Plasmarand wieder, wie im folgenden näher erläutert ist.
Der hochenergetische Teil der Energieverteilung in Wand -
nähe wird von Neutralteilchen besetzt, die durch Umladung
im heißen Plasmakern entstanden sind. Dagegen wird die
niederenergetische Komponente des Energiespektrums der
Neutralteilchen durch die Verhältnisse in der Wandzone und
im kälteren Randbereich des Plasmas bestimmt. Abbildung 4
zeigt an einem Beispiel, wie sich die Gesamtenergiever-
teilung aus den Beiträgen der in den einzelnen zwischen
Wand und Plasmakern liegenden Plasmaschichten zusammen-
setzt. Dieses Verhalten des neutralen Wasserstoffs in einer
Hochtemperaturentladung bietet nun die Möglichkeit, mit
Hilfe von Meßverfahren, die eine Analyse der experimentell ermittelten Neutralteilchenenergieverteilung ge-
statten, Informationen über Plasmaparameter aus der heißen
Entladungszone und dem Wandbereich zu gewinnen. Zwei
Beispiele sollen dies verdeutlichen.

Abbildung 5 zeigt die an der Wand von drei verschiedenen
Tokamakexperimenten (T-3, PULSATOR, TFR) gemessenen Energiespektren neutralen Wasserstoffs und die durch Lösung

der Boltzmanngleichung (1) von uns erzielten Ergebnisse. Die Energie-
abhängigkeit der gemessenen Spektren wird dabei sehr gut wiedergegeben.
Die daraus sich ergebenden Zentral-Jonentemperaturen (im wesentlichen
aus der Steigung der Kurve) sind jeweils in Klammern angegeben und
stimmen gut mit Werten überein, die nach anderen Verfahren ermittelt
wurden. Das zweite Beispiel bezieht sich auf eine He-Niederdruckent-
ladung, und es ist die Aufgabe gestellt, aus gemessenen Dopplerver-
breiterten Linienprofilen von He I auf die Jonentemperatur und die
Plasmadichte zu schließen. Dazu muß man Gleichung (1) lösen, die Verteilungsfunktion fo ist direkt ein Abbild des gemessenen Linienprofils.
Ein Vergleich zwischen gerechneten Linienprofilen und gemessenen ist
in Abb. 6 wiedergegeben. Durch Anpassung des berechneten Profils an
die experimentellen Daten erhält man sowohl den räumlichen Verlauf
der Jonentemperatur als auch den der Plasmadichte.
Weiter gehen die Wandbedingungen entscheidend in das Linienprofil
ein.
Neben dieser für die Diagnostik eines Niederdruckplasmas (mit großer
Reichweite der Neutralteilchen) wichtigen Anwendung liefert die Rechnung auch die für den Bau und den Betrieb von Tokamakentladungen
interessierende Wandbelastungen durch auf die Wand treffende Neutralteilchen. In Tabelle 1 sind für verschiedene Hintergrundplasmapara-
meter die resultierenden Teilchenflüsse und die mittlere Energie
der auf die Gefäßwand auftreffenden Neutralteilchen aufgetragen.
In der letzten Spalte in Tabelle 1 sind Zerstäubungsausbeuten angegeben. Zu ihrer Berechnung wurden die in /13/ mitgeteilten Werte
für die Zerstäubung von Edelstahl beim Beschuß mit Deuterium verwendet und mit der berechneten Neutralteilchenverteilungsfunktion
gemittelt.

3.1.2 Zeitabhängige Lösungen der Boltzmanngleichung - gepulster Gaseinlaß

Für manche Anwendungen, wie z. B. für die Zündphase einer Tokamakentladung oder bei gepulstem Gaseinlaß ist das zeitabhängige Verhalten der Neutralgaskomponente von Interesse. Für die Plasmaparameter des in der KFA Jülich zur Zeit vorbereiteten Tokamakexperi-
mentes TEXTOR

$$T_e \approx 9{,}6 \cdot 10^6 \,\text{K} \;,\; T_i \approx 8{,}8 \cdot 10^6 \,\text{K} \;,\; n_e \approx 10^{13}\,\text{cm}^{-3}$$

wurde für einen Gaspuls von 36 μs Dauer die raum -

zeitliche Entwicklung der Neutralteilchendichte berechnet.
Das Ergebnis ist in Abbildung 7 wiedergegeben. Die Neutralteilchendichte ist mit $n_o = \int_{-\infty}^{+\infty} q_I / u \, du$, der Abstand von
der Wand mit x_o = to . v_i (Achse) normiert.

$t_o = \left(n_e \left(\langle \sigma_{eo} v_e \rangle + C_{ex} \right) \right)^{-1}$ hat die Bedeutung einer
mittleren Relaxationszeit für die in das Plasma eindringen-
den Neutralteilchen. In dem hier diskutierten Beispiel des
TEXTOR - Experiments ergeben sich Werte x_o = 0.145 m   und
t_o = 3.6 μs. Die Ergebnisse zeigen, daß bei plötzlicher Kalt-
gaszufuhr die Neutralteilchenverteilung bereits in etwa 50 μs
- einer Zeit, die kurz ist verglichen mit typischen Plasmaein-
schlußzeiten - relaxiert. Man sieht, daß die Neutralteilchen-
konzentration auch im Plasmakern fast augenblicklich ansteigt.
Die mit dem gepulsten Gaseinlaß parallel laufende Erhöhung
des auf die Wand treffenden Neutralteilchenflusses und die
daraus folgende Erhöhung der Wandbelastung ist in Abbildung
8 aufgezeichnet. Dieser Abbildung ist auch zu entnehmen,
wie sich die unterschiedlichen Reflektionsmechanismen an der
Wand auf das Verhalten der Neutralteilchen auswirken.

3.2. Lösungen der Momentengleichung

Die Untersuchung des Wandbereichs mit Hilfe von Momentenglei-
chungen wurde in erster Linie auf das Verhalten der Ladungsträger in unmittelbarer Nähe der Wand abgestellt. Dabei wurde
insbesondere Wert auf die Potential- bzw. Feldverläufe vor
der Wand- sowie auf die Reichweite des Wandeinflusses in das
Plasma hinein gelegt. Es wurden sowohl Fälle mit parallel zur
Wand verlaufendem Magnetfeld als auch mit zur Wand senkrechtem
Magnetfeld untersucht. Beide Fälle sind unter anderem für Tokamakentladungen von Interesse. Der Fall eines Magnetfeldes
parallel zur Wand wurde in einem Parameterbereich durchgeführt,
der in einer im Physikalischen Institut II betriebenen magnet-
feldstabilisierten Niederdruckentladung realisiert ist. Die
numerischen Rechnungen wurden in Zylindergeometrie mit Deuterium als Arbeitsgas unter Verwendung folgender Parameter ausgeführt:
R = 5 cm, B_z = 1000 Gauß; E_z = 0.66 V/cm.

Am Rand der Entladung wurde folgender Satz von Werten
angenommen (zur Bedeutung   der Tabellenwerte siehe
Abschnitt 2.3)

	Atome	Jonen	Elektronen
a^+/a^-	0.96	0.72	0.41
β^+/β^-	0.6	0.7	0.6
Teilchen-fluß auf die Wand j^-:	$2.43 \cdot 10^{18}\ cm^{-2} s^{-1}$	$2.58 \cdot 10^{18} cm^{-2} s^{-1}$	$1.928 \cdot 10^{20} cm^{-2} s^{-1}$
Teilchen-fluß von der Wand j^+	$2.58 \cdot 10^{18} cm^{-2} s^{-1}$	$2.43 \cdot 10^{18} cm^{-2} s^{-1}$	$1.926 \cdot 10^{20} cm^{-2} s^{-1}$

Diese Randwerte sind so gewählt, daß nur ein Bruchteil der
Energie an die Wand abgegeben wird. Weiterhin wird ange -
nommen, daß ein kleiner Teil der Jonen an der Wand rekom -
biniert und als Neutralteilchen reflektiert wird. Bei hohen
Rekombinationsraten wird sogar die hier angesetzte Bimodalnäherung
unbrauchbar. Zunächst wurde untersucht, bis zu welchen Ab -
ständen von der Wand in das Plasma hinein eine Anisotropie der
Verteilungsfunktion für die verschiedenen Teilchensorten
beobachtet werden kann. Abbildung 9 zeigt die Verteilungsfunktionen für alle drei Plasmakomponenten an der Wand und
in einem Abstand von 50 Elektronenlarmorradien (hier $5 \cdot 10^{-3}$ cm).
Dies entspricht für Wasserstoff etwa 1.3 Jonenlarmorradien.
In Abbildung 10 ist das Verhältnis β/β^+ über dem in gleicher
Weise normierten Wandabstand aufgetragen. Beide Bilder zeigen,
daß eine isotrope Geschwindigkeitsverteilung der Ladungsträger
sich in einem Abstand von der Wand in der Größenordnung eines
Jonenlarmorradius einstellt. Dagegen bleibt die Diskontinuität der Verteilungsfunktion der Neutralteilchen über diese
Strecke (ca. 2,5 mm) fast vollständig erhalten. Dieses Verhalten der Neutralteilchen rechtfertigt es auch, sie alleine
mit kinetischen Verfahren zu behandeln, wie in Abschnitt 3.1.
beschrieben wurde. Als ein weiteres wichtiges Ergebnis ist

in Abbildung 11 das radiale ambipolare elektrische Feld
bezogen auf eine Feldstärke E_o von 1 ^{V}/cm in Abhängigkeit
vom normierten Wandabstand aufgetragen. Die Richtung des
Feldes weist von der Wand fort in das Plasma hinein, d. h.
die Drift der Jonen zur Wand wird verlangsamt, während die
Elektronen beschleunigt werden. Der Grund hierfür ist, daß
die Jonen einen größeren Diffusionskoeffizienten senkrecht
zum Magnetischen Feld besitzen als die Elektronen.

Parallel zum magnetischen Feld liegen die Verhältnisse anders.
Dieser Fall ist besonders interessant für die Limiterbereiche
und Divertorprallplatten in Tokamakentladungen, aber auch für
Elektrodenphänomene bei Schweißvorgängen, Lichtbögen und
Hochleistungsschaltern.
Im vorliegenden Beispiel wurden die extremen Verhältnisse in
der Plasmaschicht vor einer Elektronen emittierenden Katode
untersucht.
Abbildung 12 gibt die extreme Anisotropie der Elektronenverteilungs-
funktion in solchen Katodenschichten wieder. Es wurde hier ein
aus Atomen, Protonen und Elektronen bestehendes Wasserstoff-
plasma mit einem Druck von 0.37 mb betrachtet. Die numerischen
Rechnungen zeigen, daß im Katodenbereich mehrere Bereiche zu
unterscheiden sind. Bereich I von der Größenordnung 10^{-4} cm
(einige Debye-Längen) ist dadurch gekennzeichnet, daß keine
Quasineutralität herrscht ($n_e \neq n_+$). Dieser Sachverhalt ist
in Abbildung 13 wiedergegeben. Hier baut sich ein elektrisches Feld bis zu $2.5 \cdot 10^4$ ^{V}/cm auf, das jedoch noch nicht zur
Feldemission der Elektronen ausreicht. Die Elektronenemission
ist in diesem Beispiel als rein thermisch angenommen mit einer
Energieverteilung entsprechend Abbildung 12 . Den Verlauf
der Dichte der Ladungsträger in diesem Bereich ist in Abbildung 14 aufgetragen.
In dem sich anschließenden Bereich II mit einer Ausdehnung
von der freien Weglänge der Jonen (ca. 2mm) herrscht ein
quasineutrales Plasma vor, gekennzeichnet durch einen starken
Temperaturanstieg (siehe Abb. 15). In dieser Schicht ver-
schwindet die Diskontinuität der Jonenverteilungsfunktion.

Innerhalb des Bereiches III thermalisieren die Elektronen. Er hat beim hier diskutierten Beispiel typisch die Ausdehnungs von 5 - 10 mm. Die Neutralteilchen schließlich thermalisieren erst in einem weit größeren Abstand von der Wand ähnlich wie es auch in dem oben vorgestellten Beispiel mit parallel zur Wand verlaufendem Magnetfeld der Fall war.

4. <u>Literatur</u>

/1/ D. M. Meade
    Joint Euratom-US Workshop on Large Tokamak Designs,
    Culham, UK 1974

/2/ Report on the Planning of TEXTOR
    IPP - KFA Jülich 1975

/3/ A. Gibson, Workshop on the Present Status
    of JET, Garching, FRG 1975

/4/ R. J. Bickerton
    3rd International Conference on Plasma Surface Interactions
    in Controlled Fusion Devices; Invited paper
    Culham, UK, April 1978

/5/ S. Rekher, H. Wobig
    Report IPP 2 / 208 Garching (1973)

/6/ J. F. Clarke, P. J. Sigmar
    Europ. Conf, Plasma Physics, Lausanne (1975)

/7/ J.T. Hogan, J.F. Clarke
    J. Nuclear Materials $\underline{53}$,1 (1974)

/8/ J. Hackmann, J. Uhlenbusch
    J. Nuclear Materials $\underline{63}$ (1976), 163

/9/ Y. C. Kim
    Dissertation Universität Düsseldorf 1977

/10/ J. Hackmann, Y.C. Kim, E.K. Souw, J. Uhlenbusch
      Plasma Physics 20 (1978), 309

/11/ J. Hackmann, Y.C. Kim, J. Uhlenbusch
      J. Nuclear Materials 76-77 (1978), 346

/12/ Suchy, K.
      Ergebnisse Exakt. Naturw., 35, 103 (1964)

/13/ Behrisch, R., B.B. Kadomtsev
      "Plasma Physics and Controlled Nuclear Fusion Research"
      Vol II (1974), 229
      IAEA, Vienna (1975)

Tabelle 1 Wandparameter für verschiedene Plasmadichten und -temperaturen. Einströmung von Franck-Condon-Atomen ($7.74 \cdot 10^{15}$ cm^{-2} s^{-1}; 2.5 eV). Als Wandprozeß wurde Rückstreuung (Spiegelreflektion) berücksichtigt.

T_e^{max} (eV)	T_i^{max} (eV)	n^{max} (cm^{-3})	Neutralteilchenfluß (10^{15} cm^{-2} s^{-1})	mittlere Energie (eV)	zerstäubte Atome/auffallende Neutralteilchen
824	757	10^{12}	1.7	39.3	$1.3 \cdot 10^{-3}$
		10^{13}	2.8	18.8	$7.5 \cdot 10^{-4}$
		10^{14}	3.2	6.1	$6.3 \cdot 10^{-4}$
2000	2000	10^{12}	1.6	77.8	$2.1 \cdot 10^{-3}$
		10^{13}	2.7	40.6	$1.2 \cdot 10^{-3}$
		10^{14}	2.5	14.1	$6.5 \cdot 10^{-4}$

Abbildungen

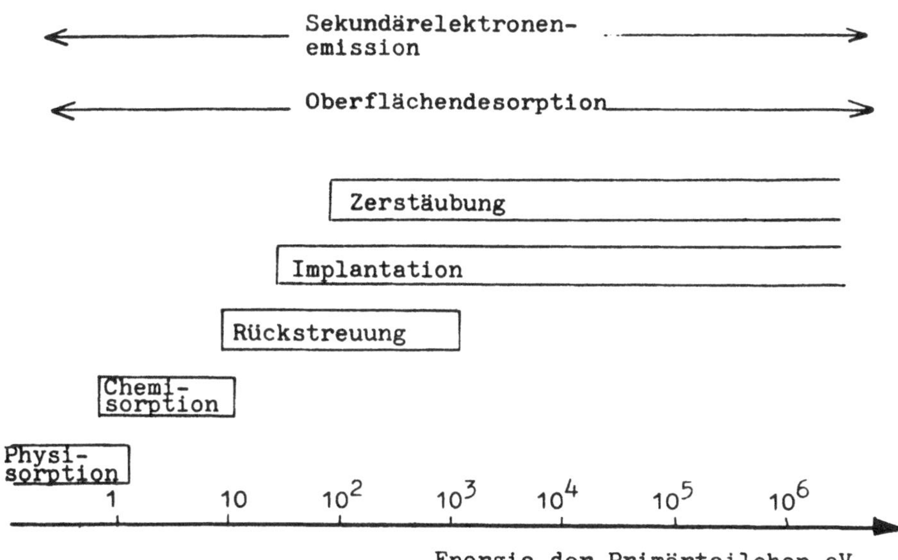

Abb. 1   Energetische Einordnung einiger wichtiger Teilchen-
Wand-Prozesse

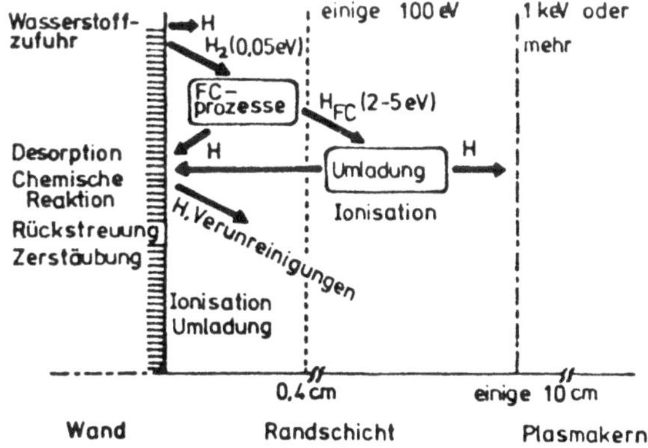

Abb. 2   Überblick über den Neutralteilchenkreislauf im
Tokamakplasma

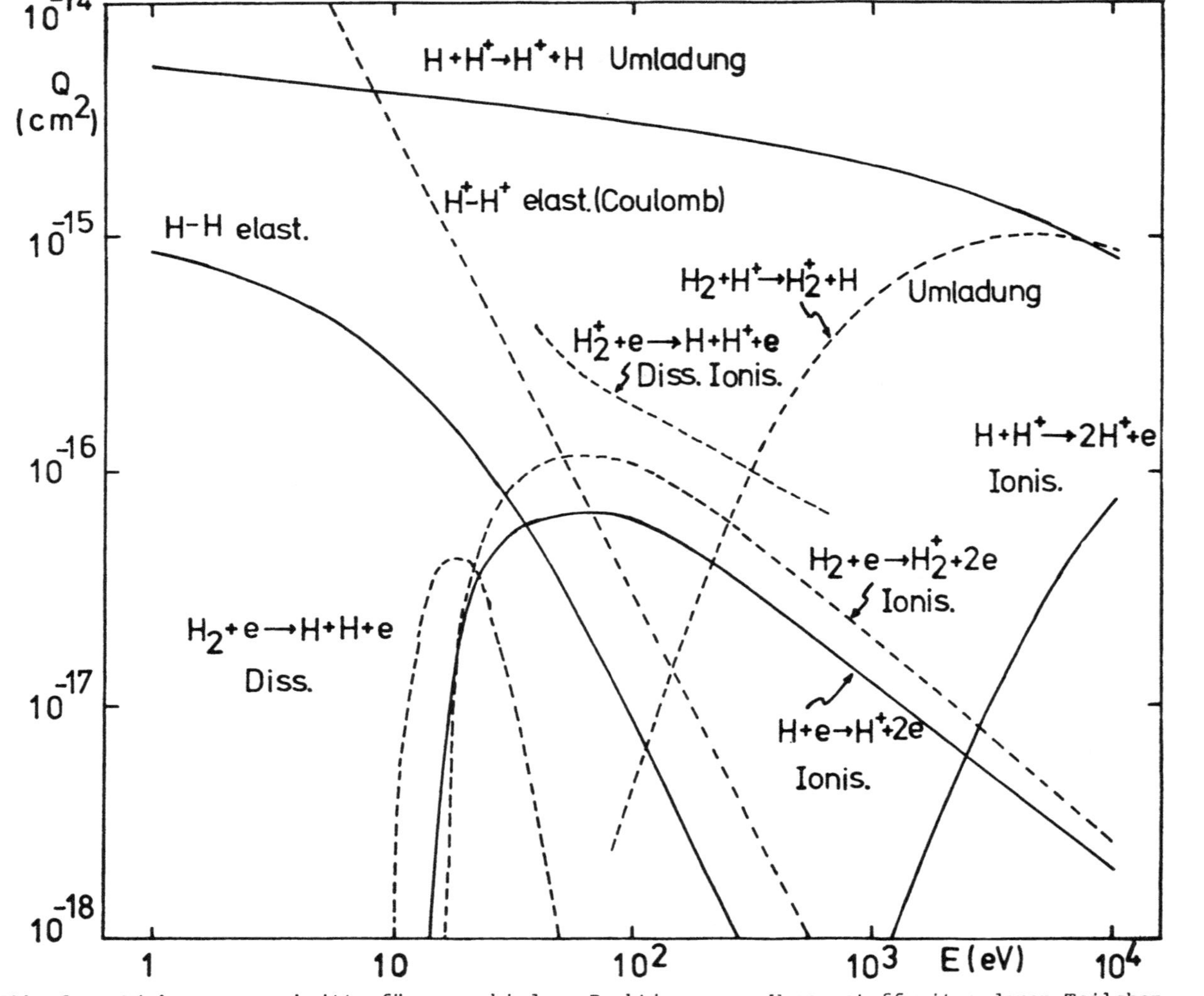

Abb. 3   Wirkungsquerschnitte für verschiedene Reaktionen von Wasserstoff mit anderen Teilchen

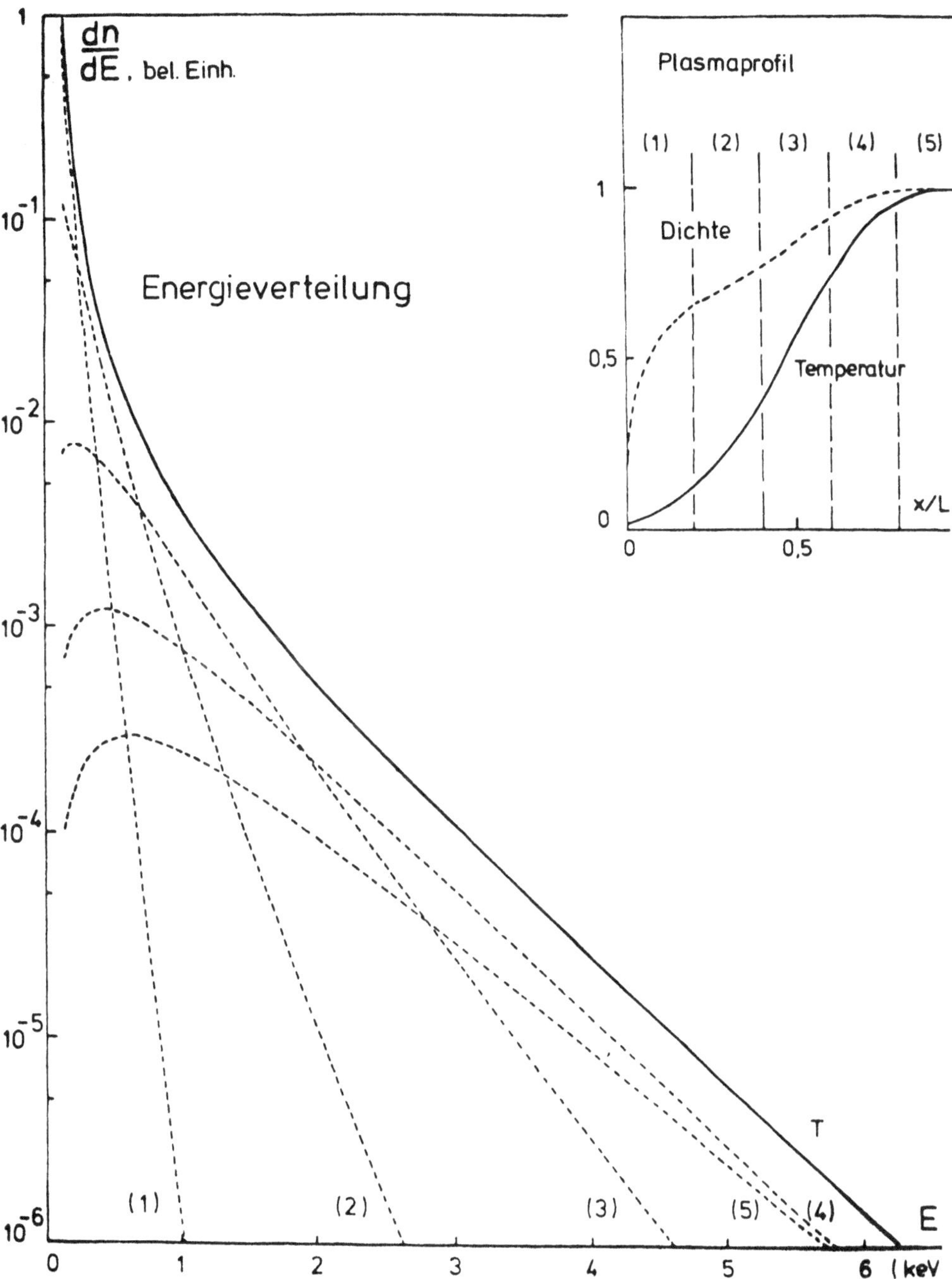

Abb. 4   Zusammensetzung der Energieverteilung. Die Zahlen
          bezeichnen den Beitrag an Neutralteilchen aus den
          gekennzeichneten Plasmaschichten, (1) = Randschicht
          (5) = Plasmakern

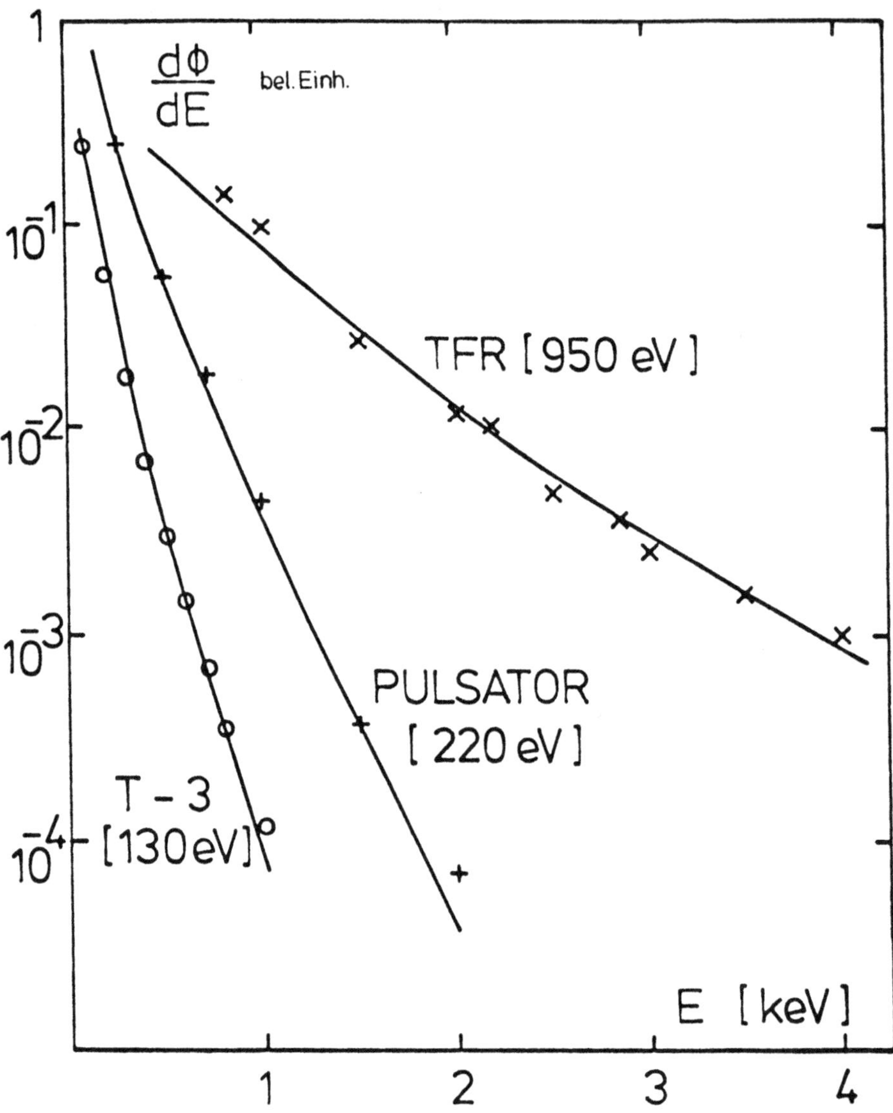

Abb. 5   Energiespektren neutralen Wasserstoffs von drei
verschiedenen Tokamakexperimenten

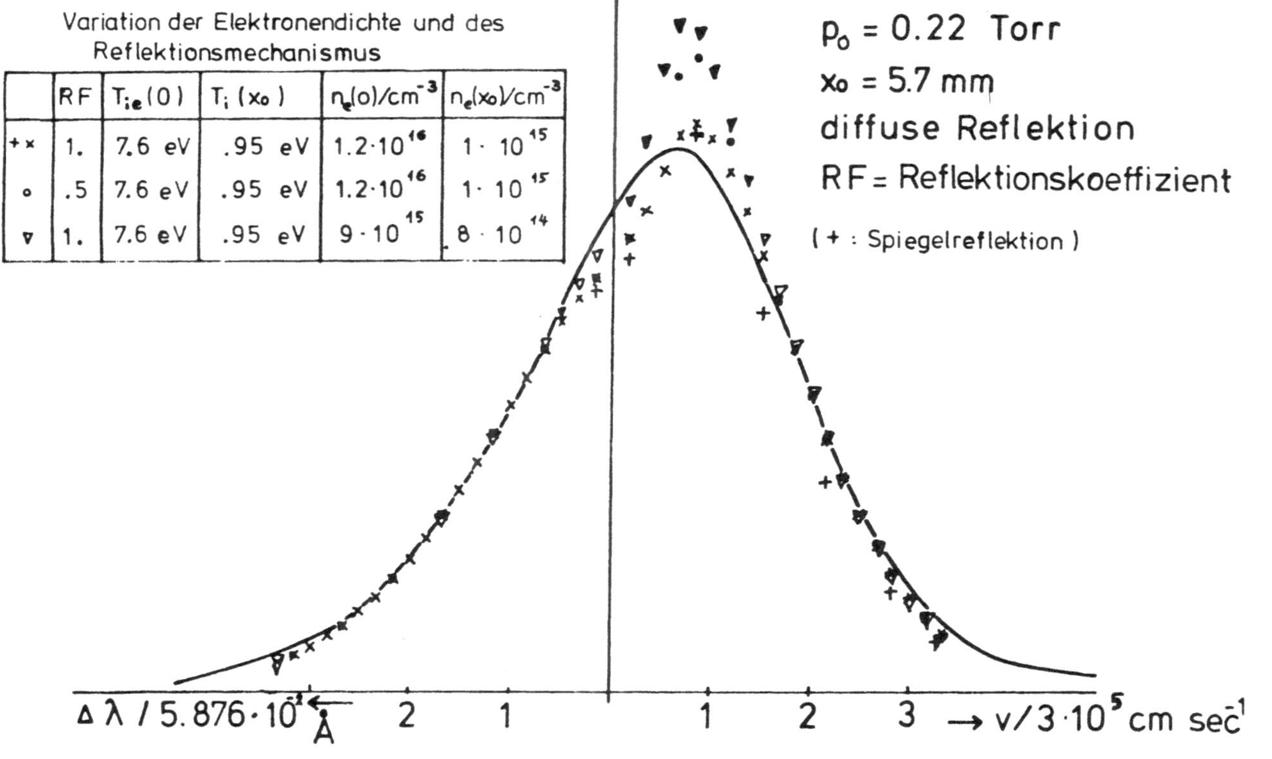

	RF	$T_{ie}(0)$	$T_i(x_0)$	$n_e(o)/cm^{-3}$	$n_e(x_0)/cm^{-3}$
+ ×	1.	7.6 eV	.95 eV	$1.2 \cdot 10^{16}$	$1 \cdot 10^{15}$
o	.5	7.6 eV	.95 eV	$1.2 \cdot 10^{16}$	$1 \cdot 10^{15}$
▽	1.	7.6 eV	.95 eV	$9 \cdot 10^{15}$	$8 \cdot 10^{14}$

Abb. 6   Geschwindigkeitsverteilung neutraler Heliumatome
in einem gepulsten Lichtbogenexperiment. Vergleich
von Rechnung und Experiment.

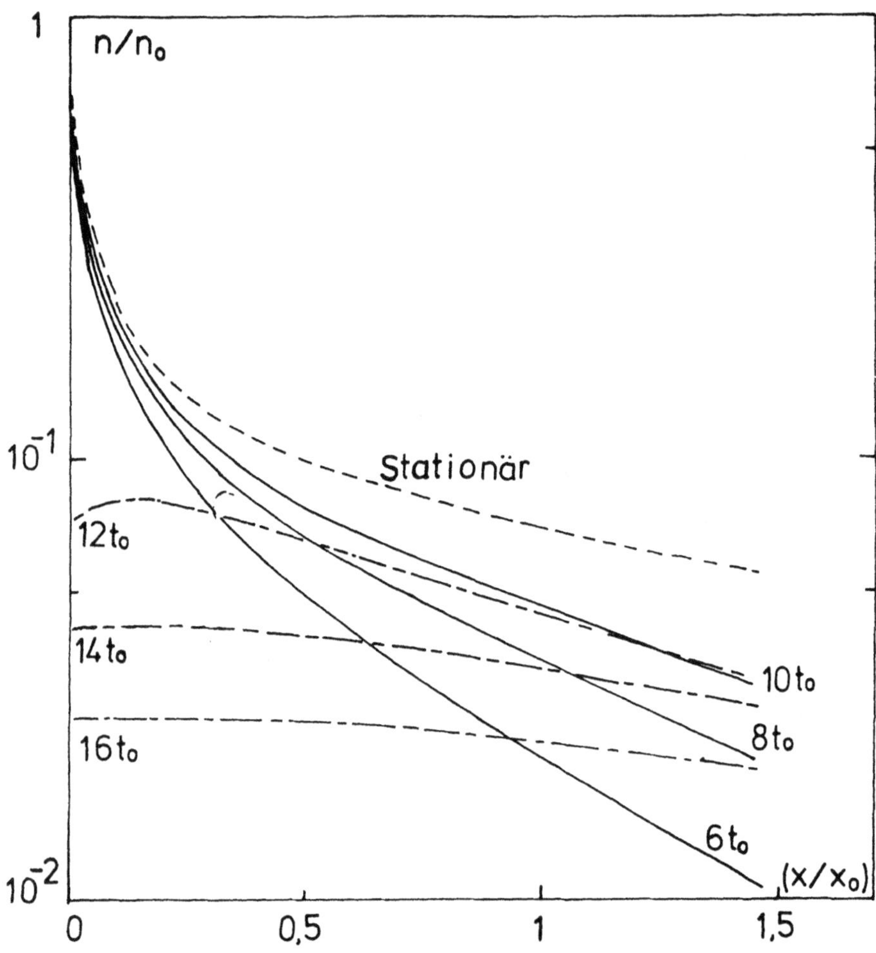

Abb. 7   zeitliche Entwicklung der Neutralteilchendichte
          bei gepulstem Gaseinlaß.

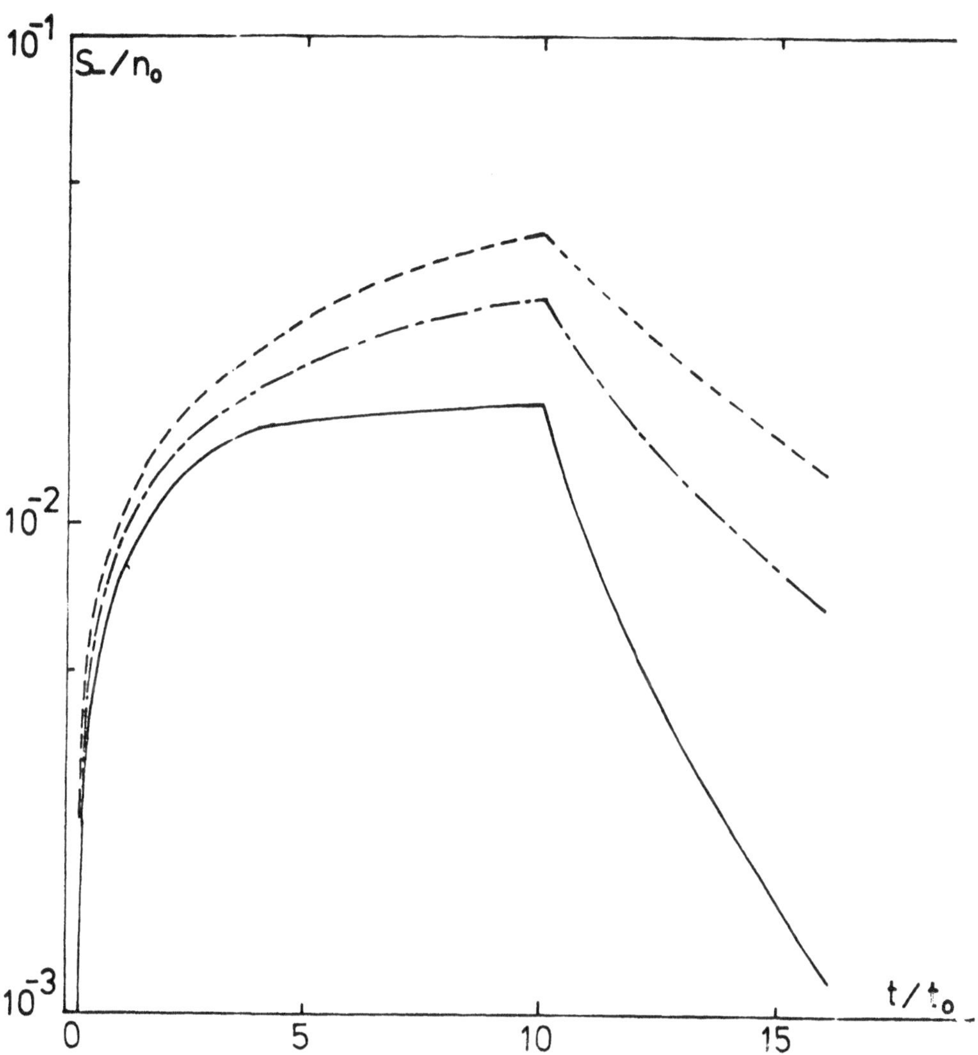

Abb. 8   Auf die Wand treffender Neutralteilchenfluß bei
         gepulstem Gaseinlaß; _________ ohne Reflektion;
         _·_·_·_ Spiegelreflektion; ----- diffuse Reflektion.

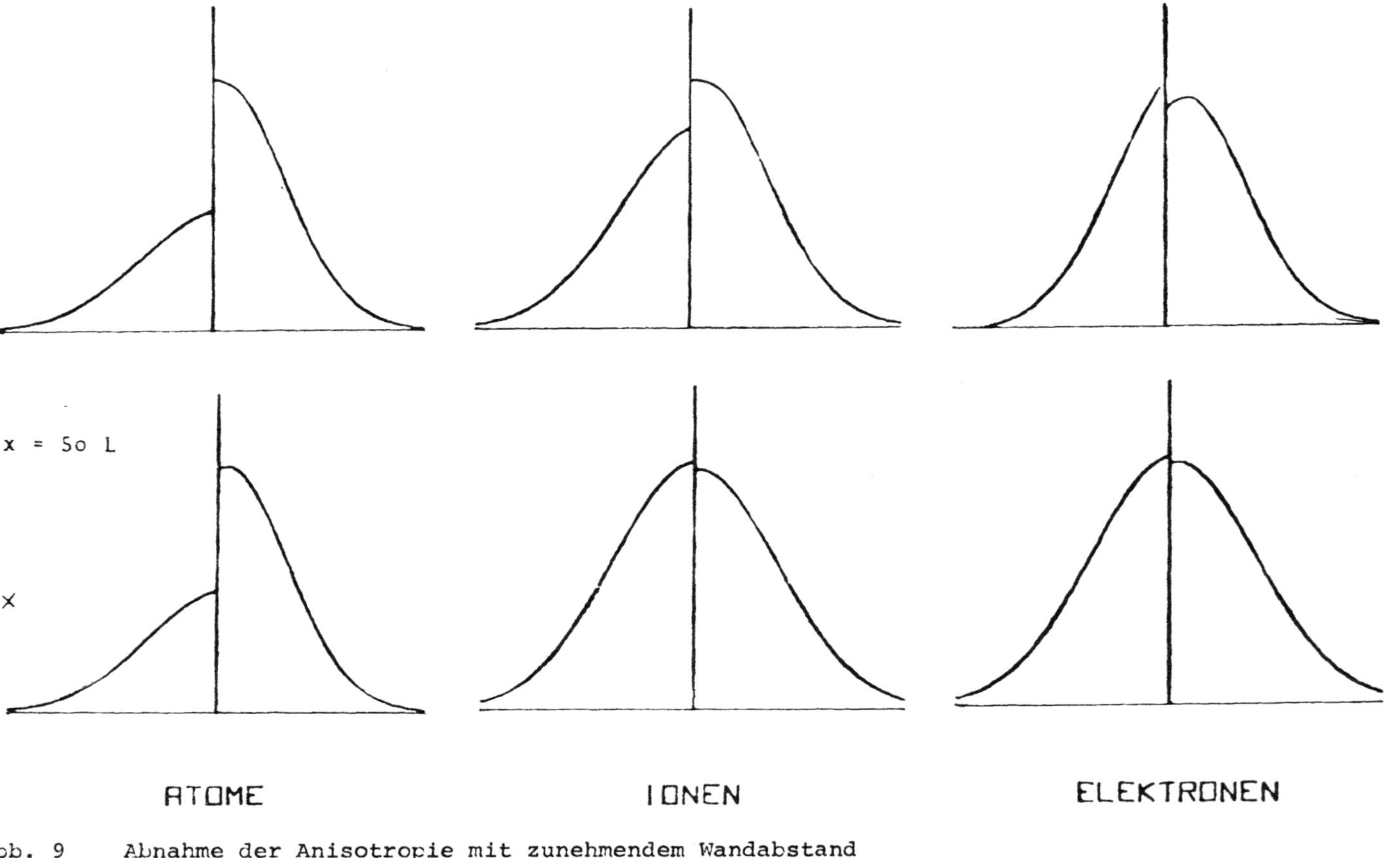

Abb. 9   Abnahme der Anisotropie mit zunehmendem Wandabstand

oben: Verteilungsfunktionen der Plasmateilchen an der Wand

unten: Verteilungsfunktionen in einem Abstand von 50 Elektronenlarmorradien

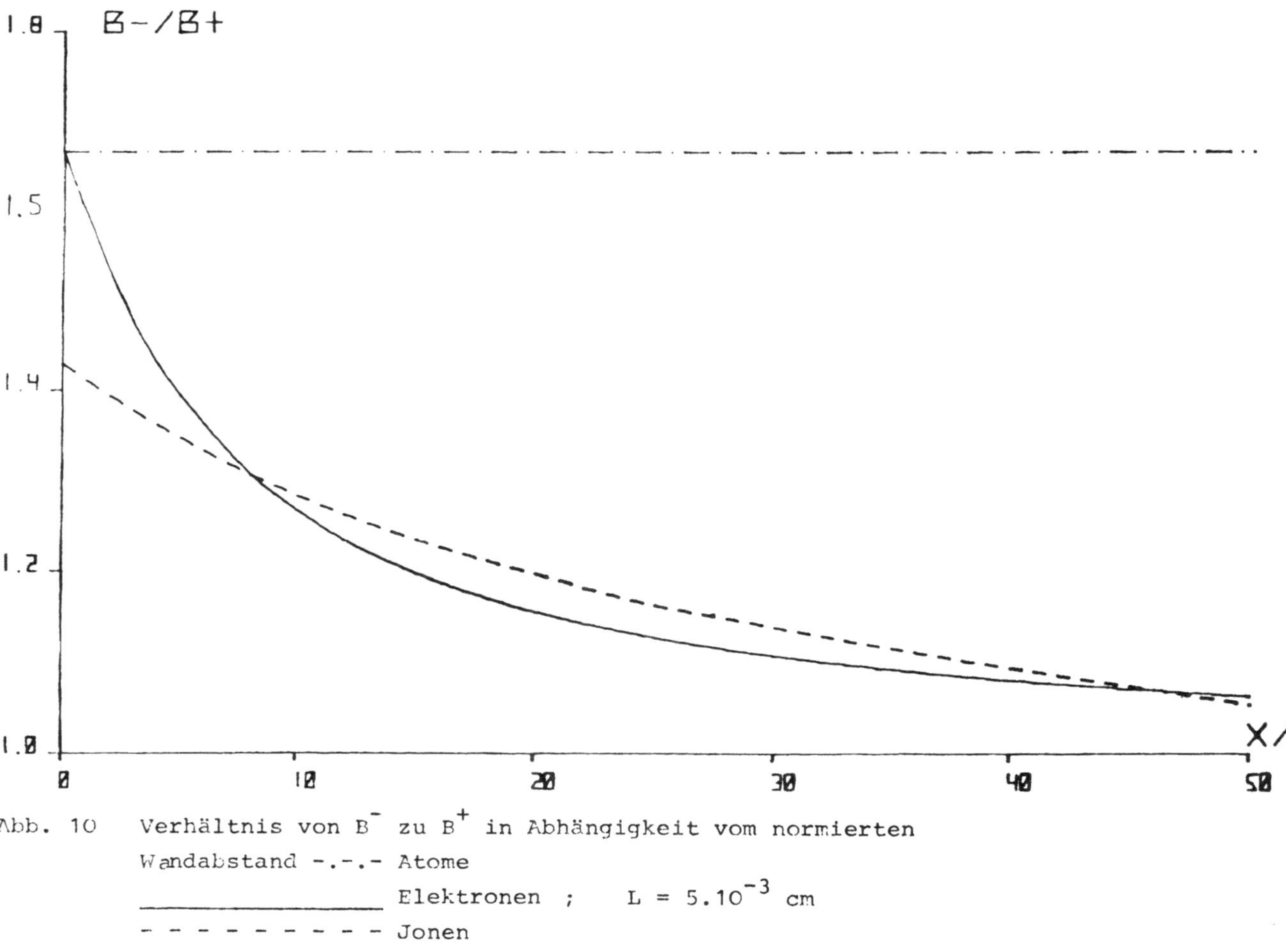

Abb. 10   Verhältnis von B^- zu B^+ in Abhängigkeit vom normierten
Wandabstand -.-.- Atome
_________ Elektronen ; $L = 5.10^{-3}$ cm
- - - - - - - - - Jonen

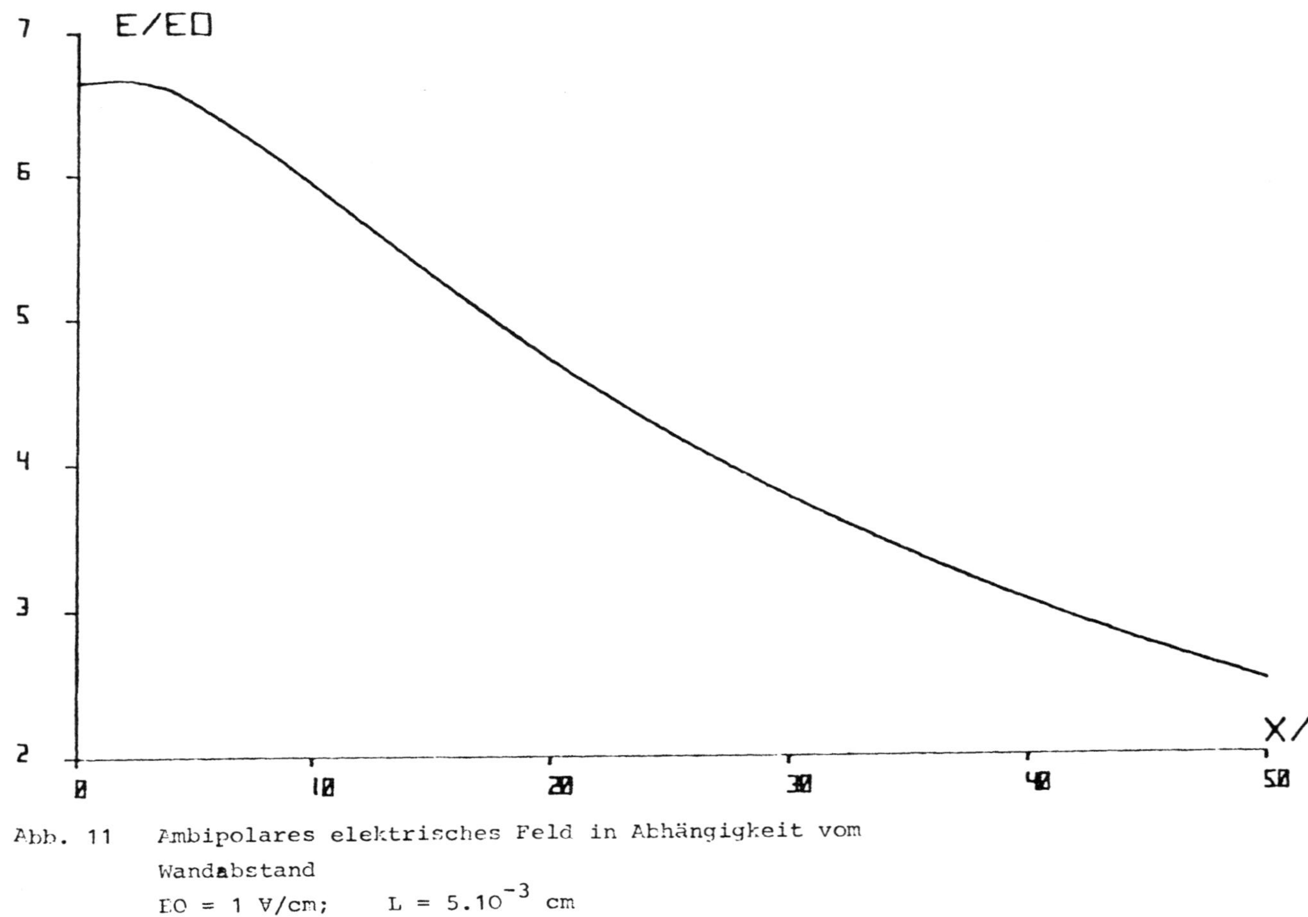

Abb. 11   Ambipolares elektrisches Feld in Abhängigkeit vom
Wandabstand
$EO = 1$ V/cm; $L = 5.10^{-3}$ cm

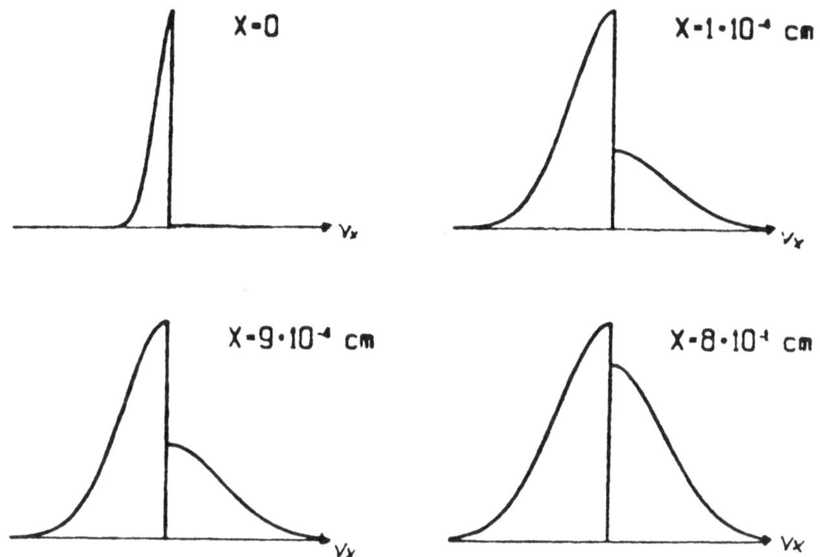

Abb. 12   Verteilungsfunktion der Elektronen in verschiedenen
Abständen von der Katode

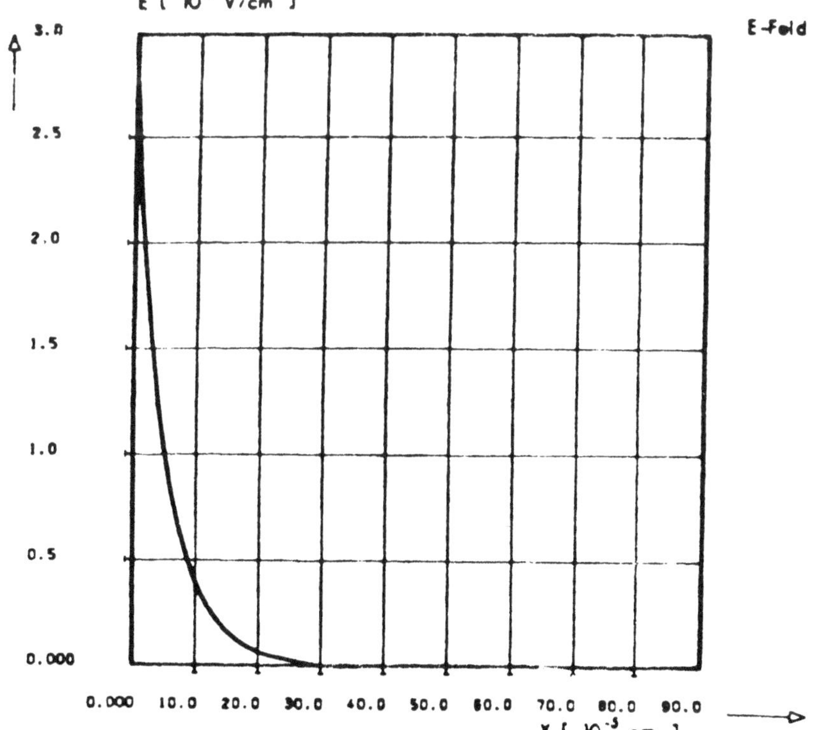

Abb. 13   Verlauf der Feldstärke in der Raumladungsschicht
vor der Katode

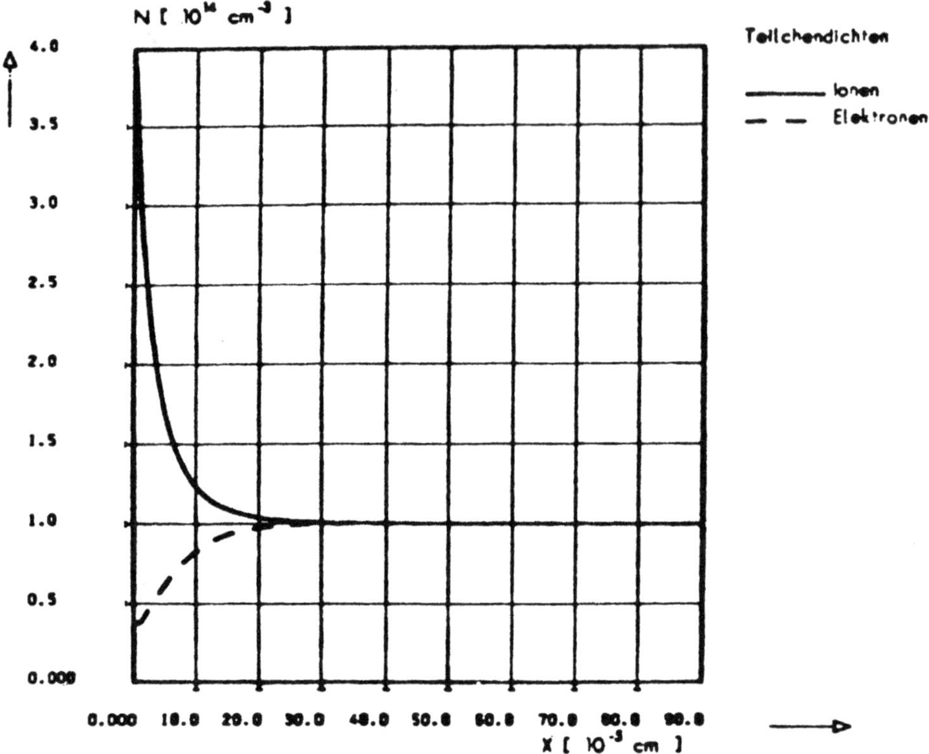

Abb. 14   Elektronen- und Jonendichteverlauf in der Raumladungsschicht vor der Katode

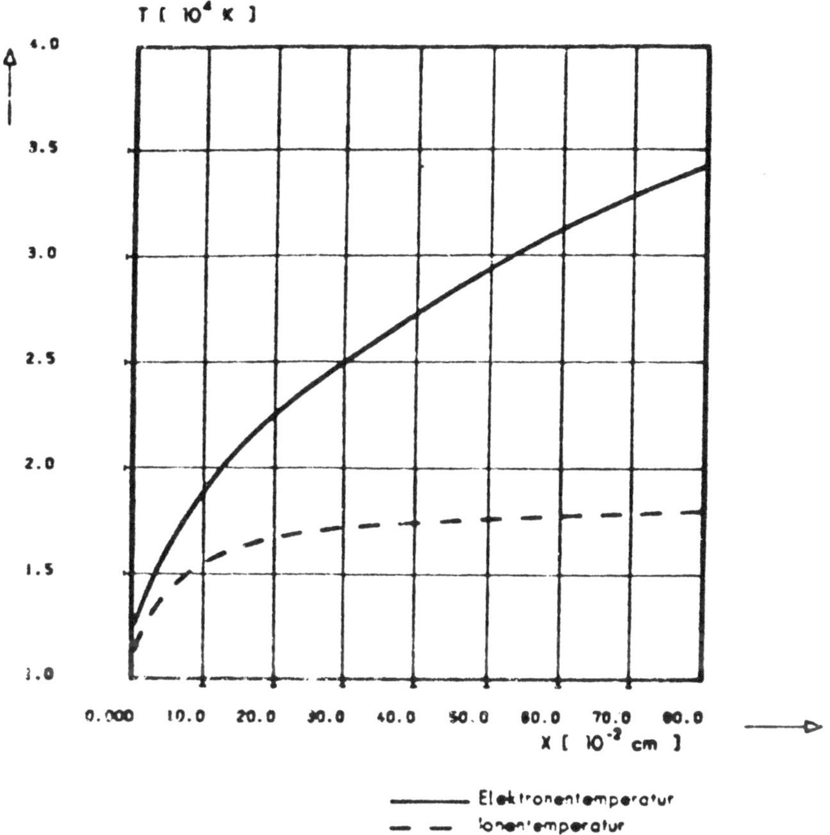

Abb. 15   Verlauf von Elektronen- und Jonentemperatur in den
Bereichen II und III (siehe Text).

FORSCHUNGSBERICHTE
des Landes Nordrhein-Westfalen

Herausgegeben
vom Minister für Wissenschaft und Forschung

Die „Forschungsberichte des Landes Nordrhein-Westfalen" sind in
zwölf Fachgruppen gegliedert:

Geisteswissenschaften
Wirtschafts- und Sozialwissenschaften
Mathematik / Informatik
Physik / Chemie / Biologie
Medizin
Umwelt / Verkehr
Bau / Steine / Erden
Bergbau / Energie
Elektrotechnik / Optik
Maschinenbau / Verfahrenstechnik
Hüttenwesen / Werkstoffkunde
Textilforschung

Die Neuerscheinungen in einer Fachgruppe können im Abonnement
zum ermäßigten Serienpreis bezogen werden. Sie verpflichten sich
durch das Abonnement einer Fachgruppe nicht zur Abnahme einer
bestimmten Anzahl Neuerscheinungen, da Sie jeweils unter
Einhaltung einer Frist von 4 Wochen kündigen können.

WESTDEUTSCHER VERLAG
5090 Leverkusen 3 · Postfach 300 620